# Agradecimentos

I0446955

Obrigado e parabèns por adquirir este livro pois além de levar entretenimento a seu filho e despertar nele o carinho com os animais, você também está colaborando com o canal "Cuidar de Pets" que incentiva o respeito e o cuidado com nossos amiguinhos pets.

C.Herculano
2024

# *Thanks*

*Thank you and congratultions for purchasing this book because in addition to bringing entertainment to your child and awakening in them affection for animals, you are also collaborating with the "Cuidar de Pets" channel, which encourages respect and care for our pet friends.*

*C.Herculano*
*2024*

# Este livro pertence a:

_____

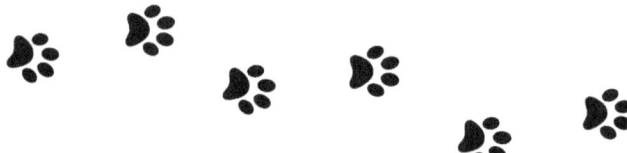

## *This book belongs to:*

_____

# cachorrinho/puppy

# gatinho/kitten

# coelhinho/bunny

# urso/bear

macaco/monkey

cavalo/horse

peixe/fish

pato/duck

porco/pig

sapo/frog

iguana/iguana

ovelha/sheep

jacaré/alligator

tartaruga/turtle

esquilo/squirrel

galo/rooster

guaximim/raccoon

canário/canary

porco espinho/hedgehog

hamster/hamster

vaca/cow

porquinho da Índia/
Guinea Pig

cobra/snake

lontra/otter

foca/seal

raposa/fox

canguru/kangaroo

golfinho/dolphin

furão/ferret

poney/pony

lobo/wolf

cacatua/cockatoo

rato/mouse

# Marque aqueles que ja coloriu:

## *Mark those you have already colored:*

*"Love and respect make the difference"*